BEI GRIN MACHT SICH IHR WISSEN BEZAHLT

- Wir veröffentlichen Ihre Hausarbeit, Bachelor- und Masterarbeit

- Ihr eigenes eBook und Buch - weltweit in allen wichtigen Shops

- Verdienen Sie an jedem Verkauf

Jetzt bei www.GRIN.com hochladen und kostenlos publizieren

Holger Müller

Anforderungen an das Lehren und Lernen aus konstruktivistischer Sicht

Beitrag des Konstruktivismus zur Lösung der „Dilemma-Situation" im Geographieunterricht

Bibliografische Information der Deutschen Nationalbibliothek:

Die Deutsche Bibliothek verzeichnet diese Publikation in der Deutschen National-
bibliografie; detaillierte bibliografische Daten sind im Internet über http://dnb.d-
nb.de/ abrufbar.

Impressum:

Copyright © 2010 GRIN Verlag GmbH
Druck und Bindung: Books on Demand GmbH, Norderstedt Germany
ISBN: 978-3-640-84444-9

Inhaltsverzeichnis

Einleitung

Die vorliegende Ausarbeitung wurde im Rahmen der Veranstaltung *„Nachhaltigkeit lernen - Bildung für nachhaltige Entwicklung im Geographieunterricht"* verfasst. Bildung für nachhaltige Entwicklung (BNE) kann man nach dem Bundesministerium für Bildung und Forschung (BMBF, 2002, S.4) wie folgt definieren:

> „Bildung für eine nachhaltige Entwicklung ist mehr als Umweltbildung. Sie unterscheidet sich von der Umweltbildung ebenso wie von der entwicklungspolitischen Bildung durch einen breiteren und umfassenderen Ansatz, der ökologische, ökonomische und soziale Aspekte integriert (‚Dreick der Nachhaltigkeit‘). Bildung für eine nachhaltige Entwicklung soll zur Realisierung des gesellschaftlichen Leitbildes einer nachhaltigen Entwicklung im Sinne der Agenda 21 beitragen und hat zum Ziel, die Menschen zur aktiven Gestaltung einer ökologisch verträglichen, wirtschaftlich leistungsfähigen und sozial gerechten Umwelt unter der Berücksichtigung globaler Aspekte zu befähigen. Mit geeigneten Inhalten, Methoden und einer entsprechenden Lernorganisation hat Bildung für eine nachhaltige Entwicklung in allen Bildungsbereichen die Aufgabe, Lernprozesse zu initiieren, die zum Erwerb von für eine nachhaltige Entwicklung erfoderlichen Analyse-, Bewertungs- und Handlungskompetenzen beitragen"

Dem Geographieunterricht wird hier eine zentrale Rolle zugesprochen, da dieses Fach einerseits inhaltliche Schwerpunkte anspricht, anderseits die Gestaltungskompetenz (d. h. Fähigkeiten, Fertigkeiten und Wissen zur Verfügung stellen, die die Schülerinnen und Schüler dazu befähigt, Handlungsfähigkeit zu erlangen). Die in dem Arbeitsthema angesprochene „Dilemma-Situation" kennzeichnet sich dadurch, dass es eine Kluft zwischen Umweltbewusstsein (also dem Wissen) und dem tatsächlichem Umwelthandeln vorherrscht.

Wenn von „Bildung" oder „Schule" die Rede ist, stellt sich immer wieder die zentrale Frage, wie Wissen angeeignet wird und wie das angeeignete Wissen anwendbar ist. In dieser Ausarbeitung wird versucht die Frage zu klären, inwieweit diese Theorie den Wissenserwerb beeinflussen kann und ob bzw. wie der Konstruktivismus einen Beitrag zur Lösung der „Dilemma-Situation" leisten kann. In diesem Sinne beschreibt das erste Kapitel den Konstruktivismus allgemein. Zu Beginn werden die theoretischen Grundlagen gelegt, um anschließend auf die Unterscheidung zwischen dem radikalen und gemäßigten Konstruktivismus eingehen zu können. Anschließend wird die Bedeutung für den gegenwärtigen Lehr- und Lernprozess beschrieben. Im zweiten Kapitel wird konkret die Verbindung des Konstruktivismus mit der Bildung für nachhaltige Entwicklung thematisiert. Zum einen wird der Zusammenhang zwischen Wissen und Handeln besprochen, zum anderen die Frage geklärt, wann man von einen „nachhaltigen" Lernen reden kann. Im darauf folgenden dritten Kapitel wird ein Resümee gezogen sowie der Beitrag des Konstruktivismus zur Lösung der „Dilemma-Situation" aufgezeigt.

1 Konstruktivismus

1.1 Theoretische Grundlagen

Der Begriff Konstruktivismus ist überaus vielschichtig und wird von vielen Seiten, von Theoretikern und Praktikern, unterschiedlich gedeutet (vgl. „Alltagsvorstellungen und Lernen im Fach Geographie", S. 19). Der Konstruktivismus kann als eine Erkenntnistheorie aufgefasst werden, d. h. die Theorie beschäftigt sich mit der Frage, wie Wissen zustande kommt bzw. Inhalte erlernt werden (vgl. „Der Pragmatische Konstruktivismus. Ein Modell zur Überwindung des Antagonismus von Instruktion und Konstruktion", S. 4f). Die konstruktivistische Erkenntnistheorie geht davon aus, dass Erkennen und Wissen nicht Ergebnis eines passiven Empfangs ist, sondern das Resultat von Handlungen eines aktiven Subjekts ist (vgl. *Wörterbuch neue Schule. Die wichtigsten Begriffe zur Reformdiskussion*, S. 91f). Die kognitiven Fähigkeiten des Lernenden[1] sind darüber hinaus eng verbunden mit der individuellen Lebensgeschichte (vgl. „Der Kopf im Sand - Lernen als Konstruktion von Lebenswelten", S. 15f).

Die Vertreter des Konstruktivismus gehen, im Gegensatz zu der Sichtweise der Kognitivisten, die der Meinung sind, dass die Realität objektiv erkennbar ist, davon aus, dass keine objektiv erkennbare Realität existiert. Jedes Individuum konstruiert die eigene Wirklichkeit. Jetzt drängt sich die Frage auf, wie die Konstruktivsten mit der existierenden Umwelt umgehen, die es ja zweifelsohne gibt: Durch den Prozess der Kommunikation, so die Auffassung der Konstruktivsten, werden die verschiedenen Wirklichkeiten der Individuen miteinander abgestimmt, so dass als Resultat eine „abgestimmte" Wirklichkeit entsteht (vgl. „Der Pragmatische Konstruktivismus. Ein Modell zur Überwindung des Antagonismus von Instruktion und Konstruktion", S. 6ff). Folgt man der konstruktivistischer Denkweise so bleibt uns die äußere Realität kognitiv unzugänglich, die Wirklichkeit wird von jedem Individuum selbst konstruiert. Abb. 1 soll die Kernaussage dieser Theorie darstellend zusammenfassen. Auch wenn der dargestellte Sachverhalt der Abb. 1 von Grunde auf interpretationswürdig ist, spiegelt diese Abbildung die Grundthese des Konstruktivmus wieder: Jedes Individuum schafft eine individuelle Repräsentation der Welt.

1.2 Radikaler und gemäßigter Konstruktivismus

Die Theorie des Konstruktivismus lässt sich wiederum in zwei Grundpositionen unterteilen: Auf der einen Seite steht der radikale, auf der anderen Seite der gemäßigte

---

[1]Um einen einfacheren Lesefluss zu gewährleisten, schließt der Begriff *Lernende, Schüler und Lehrer* immer beide Geschlechter mit ein.

Abbildung 1: Bildliche Darstellung des Konstruktivismus.
Quelle: www.learningrosegarden.com/page/2/

Konstruktivismus. Beide Positionen sollen im Folgenden erläutert werden und jeweils auf die Praxistauglichkeit in der Schule hinterfragt und geprüft werden.

1.2.1 Radikaler Konstruktivismus

Wie das Adjektiv „radikal" schon erkennen lässt, ist diese Grundposition von einer extremen und vollständigen Umsetzung des Konstruktivismuses geprägt. Folgt man der Auffassung der radikalen Konstruktivisten, dann ist die Wirklichkeit nichts weiteres als das Ergebnis, was sich individuell bei dem Erleben als Vorstellung bei einer Person entwickelt. Dabei ist diese „Konstruktion" der Wirklichkeit generell subjektiv geprägt, da sich jeder Mensch sein eigenes Bild von der Wirklichkeit macht (vgl. „Wissenschaftstheoretische Grundfragen der Pädagogischen Psychologie", S. 70). Dem radikalen Konstruktivismus zufolge ist also die Umwelt, so wie wir sie wahr nehmen eine Erfindung. Wir finden folglich nicht die Wirklichkeit, sondern sie wird **er**funden. Die äußere Welt bleibt demnach kognitiv unzugänglich, es wird eine individuelle, subjektive Wirklichkeit konstruiert (vgl. *Wörterbuch neue Schule. Die wichtigsten Begriffe zur Reformdiskussion*, S. 81ff).

Es stellt sich die Frage, welche Bedeutung bzw. Praxistauglichkeit diese Sichtweise im Schulalltag zugute kommt. Der Wissenserwerb wird als vollständig individueller (Konstruktions-) Prozess seitens der Schüler verstanden. Die Konsequenzen, die der radikale Konstruktivismus für den Lehr- und Lernprozess mit sich bringt, führt zu einer vollständigen Individualisierung des Lernprozesses. Lernen ist demzufolge ein vollständig selbstgesteuerter und selbstorganisierter Prozess (vgl. „Unterrichten und Lernumgebungen gestalten", S. 615f).

Die Vorstellung des radikalen Konstruktivismus, dass das Lernen völlig autonom und individuell geschieht, ist im gegenwärtigen Schulalltag nicht vertretbar. So widerspricht diese Modellvorstellung z. B. der grundlegenden Definition von Lernzielen, die in der Schule ständig zur Anwendung kommen. Die Lernziele werden von der Lehrperson so formuliert, dass alle Schüler die gleichen Kompetenzen bzw. den gleichen Wissenstand erreichen sollen. Vergleicht man die Auffassung des autonomen Lernens mit der Grundidee der Lernziele, so ist ein deutlicher Widerspruch zu erkennen. Darüber hinaus ist die Forderung nach vollständiger Selbsteuerung des Lernprozesses mit den Merkmalen, die den gegenwärtigen Schulalltag ausmachen (z. B. der traditionelle Lernverbund, die zeitliche Anordnung der Unterrichtsstunden und der lehrergesteuerte Unterricht), nicht vereinbar.

1.2.2 Gemäßigter Konstruktivismus

Die Einwände und die Kritik gegenüber der radikalen Auffassung des Konstruktivimus sind, wie im vorangegangenen Kapitel gezeigt, offensichtlich. Auch die Mehrzahl der Wissenschaftler und Pädagogen ist sich bei den Kritikpunkten weitestgehend einig. Aus diesem Grund rückt der gemäßigte (oft auch pragmatischer oder moderner) Konstruktivismus in den Vordergrund (vgl. „Der Pragmatische Konstruktivismus. Ein Modell zur Überwindung des Antagonismus von Instruktion und Konstruktion", S. 3f). Zwar folgt der gemäßigte Konstruktivismus ebenfalls den Grundsätzen, die im Kapitel 1.1 herausgearbeitet wurden, allerdings gibt es einige Modifikationen. Der gemäßigte Konstrukitvsmus versucht die positiven Aspekte des Konstruktivismus aufzunehmen und diese praxistauglich zu machen.

Laut Müller ist der gemäßigte Konstruktivismus nicht identisch mit der radikal konstruktivistischen Erkenntnistheorie. Die gemäßigte Theorie

> „akzeptiert jedoch die dort erarbeiteten Befunde, die neurophysiolgisch gestützt sind und Aussagen zulassen über kognitive Prozesse, Wissenserwerb und die damit einhergehenden Sinnbildung und Wirklichkeitskonstitution" (ebd., S. 5).

Die gemäßigte Auffassung geht in diesem Sinne über eine Erkenntnistheorie hinaus und kann als eine (konstruktivistische) Lerntheorie angesehen werden, die beschreibt, wie Inhalt ge- oder erlernt werden können. Die Gemeinsamkeit der beiden Theorien ist dahingehend gegeben, da die radikalen Konstruktivisten, wie oben beschrieben, von einer subjektabhängigen Wirklichkeit ausgehen und der gemäßigte Ansatz genau da ansetzt: Wissen ist demnach nicht objektiv vorgegeben und kann nicht durch bloße Instruktion[2] weitergegeben werden (vgl. „Der Pragmatische Konstruktivismus. Ein Modell zur Überwindung des Antagonismus von Instruktion und Konstruktion", S. 4f). Der gemäßigte Konstruktivismus versteht Wissen also als etwas, was vom Lernenden konstruiert wird und nicht als Gegenstand, welcher von der Lehrperson „eingetrichtert" werden kann.

Die Gründe, die gegen eine ausschließliche Anwendung konstruktivistische Annahmen im Schullalltag sprechen sind vielfältig. Ausgewählte Gründe wurden im Kapitel 1.2.1 bereits erwähnt. Es ist sinnvoll und notwendig eine gesunde Balance zwischen Instruktion und Konstruktion zu finden (vgl. Kapitel 1.3).

1.3 Bedeutung für den Lehr- und Lernprozess

Nachdem die theoretischen Grundlagen, sowie die Unterscheidung zwischen dem radikalen und gemäßigten Konstruktivismus herausgearbeitet wurde, wird im folgenden die Bedeutung für den Lehr- und Lernprozess in der Schule beschrieben. Wenn nachfolgend vom Konstruktivismus die Rede ist, ist ausschließlich die gemäßigte, pragmatische Form gemeint, da der radikale Konstruktivismus als eher ungeeignet für den Schulalltag angesehen werden kann (vgl. Kapitel 1.2.1 und 1.2.2).

Der Konstruktivismus geht davon aus, dass der Lernende im Lernprozess eine individuelle Repräsentation der Welt schafft. Was eine Person unter bestimmten Bedienungen lernt, hängt vor allem von dem Lernenden selbst und seinen Erfahrungen ab. Lernen sollte demnach folgende Eigenschaften erfüllen:

- Der Lernende soll möglich **aktiv** am Lernprozess teilnehmen. Dies hat eine reaktive Position des Lehrenden zur Folge.

- Lernen ist ein **selbstgesteuerter** Prozess, bei dem der Lernende für die Steuerung und die Planung des Unterrichts möglichst viel Selbstverantwortung zeigen soll. Daraus ergibt sich automatisch die Forderung, dass weniger das Ergebnis, sondern der Prozess des Lernens zum Gegenstand von Beurteilungen (welche ja nach wie vor einen wichtigen Bestandteil des Unterrichtens ausmachen) gemacht wird.

- Lernen als **konstruktiver Prozess** soll auf vorhandene Kenntnisse, Fähigkeiten und Einstellungen aufbauen.

---

[2]„Instruktion lässt sich als Inbegriff jener Handlungen und Maßnahmen umschreiben, die darauf gerichtet sind, die Bedienungen, Prozesse und Ergebnisse des Lernens kollektiv, differentiell oder individuell zu Optimieren" („Der Pragmatische Konstruktivismus. Ein Modell zur Überwindung des Antagonismus von Instruktion und Konstruktion", S. 8).

- Für die Motivation und die Aktivierung des Lernende können durchaus auch **emotionale Aspekte** angesprochen werden. Das neue Wissen ist für die Lernenden erst dann bedeutsam und somit ins die eigene Wissenstruktur aufnehmbar, wenn sie mit einem relevanten Kontext verbunden werden.

- Darüber hinaus kann Lernen, nach konstruktivistischen Maßstäben als **sozialer Prozess** angesehen werden, der durch die Interaktion zwischen den Beteiligten beeinflusst wird und die soziale Einbettung des Lernen gewährleistet ist (vgl. „Alltagsvorstellungen und Lernen im Fach Geographie", S. 19f).

Der Lehrer sollte ferner eine Lernumgebung anbieten, in denen die Schüler befähigt werden, eigene Konstruktionsleistung zu bringen und wo kontextbezogen gelernt werden kann und die oben genannten Eigenschaften umgesetzt werden können. Lernen soll in spezifischen Kontexten stattfinden. Diese sog. „situierte Lernumgebung" verfolgt die Zielsetzung, dass die erworbenen Kenntnisse und Fähigkeiten flexible angewandt werden können (vgl. „Unterrichten und Lernumgebungen gestalten", S. 615f).

Da dem Lernenden wie beschrieben eine aktive Rolle zugemutet wird, richtet sich das Augenmerk des Lehrenden primär auf die Frage, wie Wissen konstruiert wird und in welcher Verbindung Wissen zum Handeln steht (vgl. ebd., S. 616). Dabei ist die richtige Balance zwischen Konstruktion (auf der Schülerseite) und Instruktion (auf der Lehrerseite) zu finden. Der gemäßigte Konstruktivismus versucht diese Prinzipien miteinander zu verbinden. Auch wenn der Unterricht in diesem Zusammenhang primäre die Aufgabe hat, individuelle Konstruktionen zu ermöglichen, erfordert Lernen immer auch Orientierung und Hilfe (eben Instruktion), vor allem wenn es um Lernstrategien und Lernmethoden geht. Das Unterrichten sollte damit einhergehend im Sinne von unterstützen, anregen und beraten geschehen. Bei der individuellen Konstruktion spielen (individuell) verschiedene Lernermerkmale wie z. B. die kognitiven Fähigkeiten, das Vorwissen, Kontexteinflüsse eine wesentliche Rolle (vgl. „Wissenserwerb als konstruktiver Prozess", S. 15f).

Abb. 2 gibt zusammenfassend einen Überblick, auf dem noch einmal prägnant dargestellt wird, was Lernen aus konstruktivistischer Sicht beutetet und welche Auswirkungen dies auf den Unterricht hat. Konkrete Maßnahmen und Methoden, um diese Erkenntnisse im Unterricht umzusetzen werden im Kapitel 3 näher erläutert.

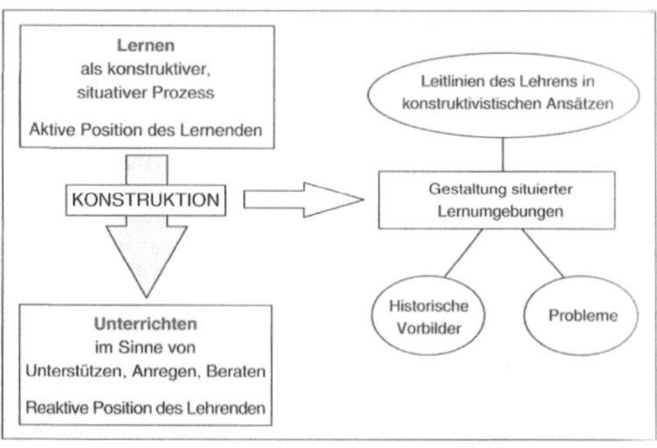

Abbildung 2: Die konstruktivistische Position zum Lehren und Lernen.
Quelle: Reinmann-Rothmeier und Mandl, 2001, S. 614.

2 Konstruktivismus und BNE

In diesem Kapitel wird der Zusammenhang zwischen dem Konstruktivismus und der Bildung für nachhaltige Entwicklung hergestellt, indem zum einen der Zusammenhang zwischen Wissen und Handeln aufgezeigt wird, zum anderen die Frage geklärt wird, wann Lernen nachhaltig ist.

2.1 Zusammenhang Wissen und Handeln

Viele Beispiele zeigen, dass in einigen Fällen Wissen nicht zwangläufig zu entsprechenden Handlungen führt: So kennen nahezu alle Raucher die Gefahren, die mit dieser Handlung einher gehen, stellen es aber nicht ab. Ebenfalls sind die umweltschädigenden Folgen des Autofahrens bekannt und doch wird in vielen Fällen nicht auf die Fahrt verzichtet. Die Barrieren, das Wissen in entsprechendes Handeln umzusetzen sind oftmals groß. Dennoch kann dem Wissen durchaus eine zentrale Bedeutung für bestimmtes Handeln attestiert werden, vor allem wenn es darum geht, diese Barrieren abzubauen. Kaiser und Fuhrer beschreiben es sehr treffend: Wissen sei demnach eine notwendige, aber keine hinreichende Bedingung (ökologischen) Handelns (vgl. „Wissen für ökologisches Handeln", S. 51f). Reinfried stellt ferner fest, dass wenn

> „unzureichendes Wissen vorhanden ist, können ‚Fehlvorstellungen' gebildet werden, die nicht mehr im Zusammenhang mit dem eigenen Handeln gebracht werden können" („Alltagsvorstellungen und Lernen im Fach Geographie", S. 22).

Wissen kann demnach als eine Grundvoraussetzung angesehen werden, um sinnvolle Schlussfolgerungen zu ziehen und sachlich begründet zu handeln (vgl. ebd., S. 22f).

Drei Beispiele sollen diese Ausführungen verdeutlichen: So ist es für den sinnvollen Umgang mit Müll (Stichwort Mülltrennung) bedeutsam zu wissen, warum dieser Müll getrennt werden muss und was passiert, wenn der Müll nicht getrennt wird. Ebenso gilt das fundierte Wissen über das Ökosystem Meer als eine Grundvoraussetzung für das Verstehen von Zusammenhängen und folglich auch um entsprechend handlungsleitend zu agieren, wenn es um das Thema Überfischung und Umweltverschmutzung geht. Denn nur wenn eine Person weiß, welche Gefahren bestehen (z. B. das Auslaufen von Öl in den Weltmeeren), kann diese Person entsprechend handeln (sei es nun direkt in bestimmten Projekten oder indirekt mit dem Konsumverhalten). Genauso kann die generelle Bedeutung des CO_2-Gehaltes nur dann von einer Person vernünftig eingeschätzt werden, wenn verstanden worden ist, was der Treibhauseffekt ist und wie der Mensch diesen verstärkt. Erst wenn der Sachverhalt verstanden ist, kann angemessen und problemorientiert gehandelt werden („Alltagsvorstellungen und Lernen im Fach Geographie", S. 22).

2.2 Nachhaltigkeit des Lernens

Da Wissen, wie im voran gegangen Kapitel beschrieben, eng mit dem Handeln verbunden ist und die Bildung für nachhaltige Entwicklung keinen Nutzen vom sog. „trägen Wissen" hat (bzw. es ist im Sinne von BNE nicht anzustreben), wird im Folgenden erläutert, wann Lernen nachhaltig ist. Ein „träges Wissen" zeichnet sich dadurch aus, dass es funktionslos und nicht anwendbar ist („träges Wissen" hat also kein Transferpotenzial). Von einem „nachhaltigen Wissen" wird dann gesprochen, wenn das Wissen nicht nur kurzfristig „abgespeichert" wird und es zu eigenständigen Problemlösen führt (vgl. *Pädagogischer Konstruktivismus. Lernzentrierte Pädagogik in Schule und Erwachsenenbildung*, S. 26ff).

Das nachhaltige Lernen setzt eine intrinsische (also von dem Schüler ausgehende) Motivation voraus. Die besten Voraussetzungen für ein „nachhaltiges Lernen" sind dann gegeben, wenn der Lernende u. a. konzentriert ist und das Thema als sinnvoll und wichtig erachtet. (vgl. ebd., S. 26ff). Abb. 3 zeigt weitere Faktoren, die das Lernen „nachhaltig" machen: Demnach ist die Nachhaltigkeit des Lernens eine Funktion von u. a. folgenden Faktoren:

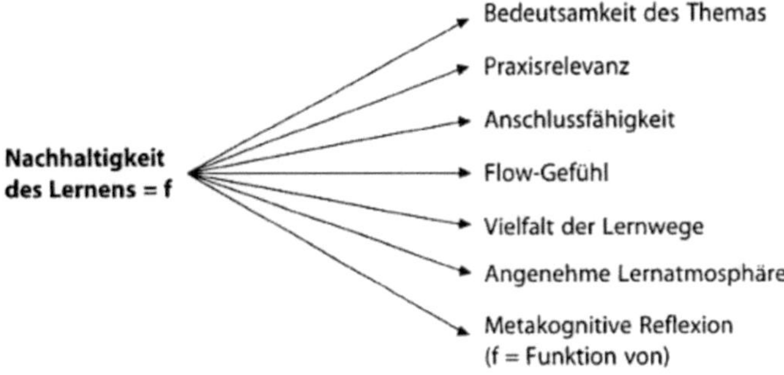

Abbildung 3: Faktoren der Nachhaltigkeit.Quelle: Siebert, 2005, S. 37.

- **Bedeutsamkeit des Themas**, meint, dass der Lerngegenstand als Bereicherung angesehen wird. Zudem spielen die konkreten Anwendungen („**Praxisrelevanz**") eine entscheidene Rolle.

- Der Lernende sollte die Möglichkeit haben, das Wissen an **vorhandenes Vorwissen anzuknüpfen**, wobei man hier wieder den Bogen zu dem Konstruktivismus schlagen kann. Die Anschlussfähigkeit ist in den meisten individuell und das Wissen sollte demnach biographische Aspekte miteinbeziehen.

- Als **Flow-Gefühl** wird der Zustand beschrieben, in dem der Lernende völlig in seiner Handlung aufgeht, sich dem Thema vollkommen zuwendet und völlig darin aufgeht.

- Die **Vielfalt der Lernwege** und die **angenehme Lernatmosphäre** sind ebenfalls wichtige Faktoren des nachhaltigen Lernens. Hier sind neben den diversen Unterrichtsmethoden- und techniken die Interaktion zwischen dem Lehrenden und Lernenden, das Unterrichtsmaterial sowie die räumliche Ausstattung gemeint.

- **Metagoknive Reflexion** meint die Reflexion über das eigene Wissen. Dem Lernenden ist das Wissen über das eigene Wissen gemeint. Metakognition bezeichnet damit Strategien, wie ein Lerner am effektivsten lernt und wie er dieses Lernen für sich und für andere beschreiben kann.

3 Beitrag des Konstruktivmus zur Lösung der „Dilemma-Situation"

Es konnte in dieser Arbeit herausgearbeitet werden, dass die radikale Position des Konstruktivismus, die sich mit grundlegenden Prinzipien menschlicher Erkenntis befasst (= Erkenntnistheorie) für den gegenwärtigen Schulalltag nicht anwendbar ist. Dennoch kann durchaus behauptet werden, dass die gemäßigte, pragmatische Auffassung (= Lerntheorie) sinnvoll erscheint. Wissen ist kein „transportierbares Gut", sondern Ergebnis von „Konstruktionsprozessen" der lernenden Person, d. h. von kognitiven Aktivitäten wie z. B. der Interpretation oder der Verknüpfung mit dem Vorwissen (vgl. „Wissen: Erwerb und Anwendung", S. 66f). Es bedarf dahingehend eine aktive, möglichst selbststeuernde Position des Lernenden. Lernen erfordert darüber hinaus immer Motivation, Eigeninteresse und Eigenaktivität. Der Unterricht hat in diesem Sinne die Aufgabe, diese Konstruktionen anzuregen, nachhaltiges und anwendbares Wissen und kein träges Wissen zu vermitteln.

Welchen Beitrag kann der Konstruktivismus (oder besser: der gemäßigte Konstruktivsmus) leisten, um die „Dilemma-Situation" (vgl. Einleitung) zu brechen? Neben den Anforderungen an das Lehren und Lernen im Geographieunterricht, welche in dieser Ausarbeitung ausführlich besprochen worden sind, werden im Folgenden einige Lehr- und Lernmethoden beschrieben, um den genannten Forderungen Rechnung zu tragen:

- So eignen sich bspw. Mind-Maps und Brainstormingmethoden die Vorerfahrungen der Schüler zu aktivieren und somit biographische Aspekte des Lerngegenstands anzusprechen. Ebenso kann dadurch die subjektive Bedeutung des Lerngegenstands aktiviert werden.

- Ferner können Lerntagebücher, die den Lernprozess der Schüler festhalten helfen, die Selbstkontrolle und Reflexion des Lernprozesses zu fördern.

- Desweiteren eignen sich verschiedenste Projekte (z. B. Projekte zum Thema Müll und diverse Umweltprojekte) sowie die Integration von Experten, damit der Lernende den Lehrgegenstand aktiv begegnet.

- Methoden zur freien und gebundenen Arbeit, z. B. Stationslernen, Gruppenarbeit, Wochenplanarbeit sowie Freiarbeit eignen sich ebenfalls, um die in dieser Ausarbeitung formulierten Anforderungen gerecht zu werden (vgl. *Wörterbuch neue Schule. Die wichtigsten Begriffe zur Reformdiskussion*, S. 97f).

Zum Abschluss zeigt die Abb. 4 „Puzzleteile eines konstruktivistischen Geographieunterrichts", bei denen noch einmal die wesentlichen Aspekte aufgezeigt sind. Die Abbildung ist wie ein Puzzle aufgebaut, was symbolisieren soll, dass die Aufzählung nicht vollständig ist und (beliebig) erweiterbar ist. Die aufgezählten Anforderungen können ebenfalls als Merkmale eines guten (modernen) Geographieunterrichts interpretiert werden.

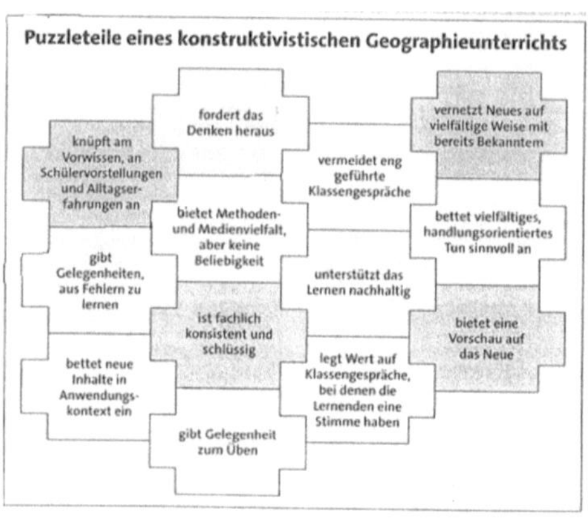

Abbildung 4: Puzzleteile eines konstruktivistischen Geographieunterrichts.
Quelle: Reinfried, 2007, S. 27.

Literatur

Reinfried, Sibylle (2007). „Alltagsvorstellungen und Lernen im Fach Geographie". In: *Geographie und Schule* 168, S. 19–28.

Müller, Klaus (2001). „Der Pragmatische Konstruktivismus. Ein Modell zur Überwindung des Antagonismus von Instruktion und Konstruktion". In: *Konstruktivistische Schulpraxis. Beispiele für den Unterricht.* Hrsg. von Johanna Meixner und Klaus Müller. Kriftel: Luchterhand, S. 3–47.

Haarmann, Dieter (1998). *Wörterbuch neue Schule. Die wichtigsten Begriffe zur Reformdiskussion.* Weinheim und Basel: Beltz.

Siebert, Horst (2000). „Der Kopf im Sand - Lernen als Konstruktion von Lebenswelten". In: *Konstruktivismus und Umweltbildung.* Hrsg. von Dietmar Bolscho und Gerhard de Haan. Opladen: Leske+Budrich, S. 16–31.

Beck, Klaus und Andreas Krapp (2001). „Wissenschaftstheoretische Grundfragen der Pädagogischen Psychologie". In: *Pädagogische Psychologie.* Hrsg. von Andreas Krapp und Bernd Weidenmann. 4., vollständig überarbeitete Auflage. Weinheim: Beltz, S. 23–73.

Reinmann-Rothmeier, Gabi und Heinz Mandl (2001). „Unterrichten und Lernumgebungen gestalten". In: *Pädagogische Psychologie.* Hrsg. von Andreas Krapp und Bernd Weidenmann. 4., vollständig überarbeitete Auflage. Weinheim: Beltz, S. 600–646.

Kürschner, Christian, Holger Horz und Wolfgang Schnotz (2007). „Wissenserwerb als konstruktiver Prozess". In: *Geographie und Schule* 168, S. 11–17.

Kaiser, Florian und Urs Fuhrer (2000). „Wissen für ökologisches Handeln". In: *Die Kluft zwischen Wissen und Handeln. Empirische und theoretische Lösungsansätze.* Hrsg. von Heinz Mandl und Jochen Gerstenmaier. Berlin: Hogrefe, S. 51–71.

Siebert, Horst (2005). *Pädagogischer Konstruktivismus. Lernzentrierte Pädagogik in Schule und Erwachsenenbildung.* 3., erweiterte und überarbeitete Auflage. Weinheim und Basel: Beltz.

Fischer, Frank und Christof Wecker (2006). „Wissen: Erwerb und Anwendung". In: *Handbuch Unterricht.* Hrsg. von Karl-Heinz Arnold, Uwe Sandfuchs und Jürgen Wiechmann. Bad Heilbrunn: Klinkhardt, S. 65–69.